LEÇONS

DE

Botanique

PAR

J.-C. BAYLON

Professeur de Sciences Physiques et Naturelles

AGRÉGÉ DE L'UNIVERSITÉ

VERS LA LUMIÈRE

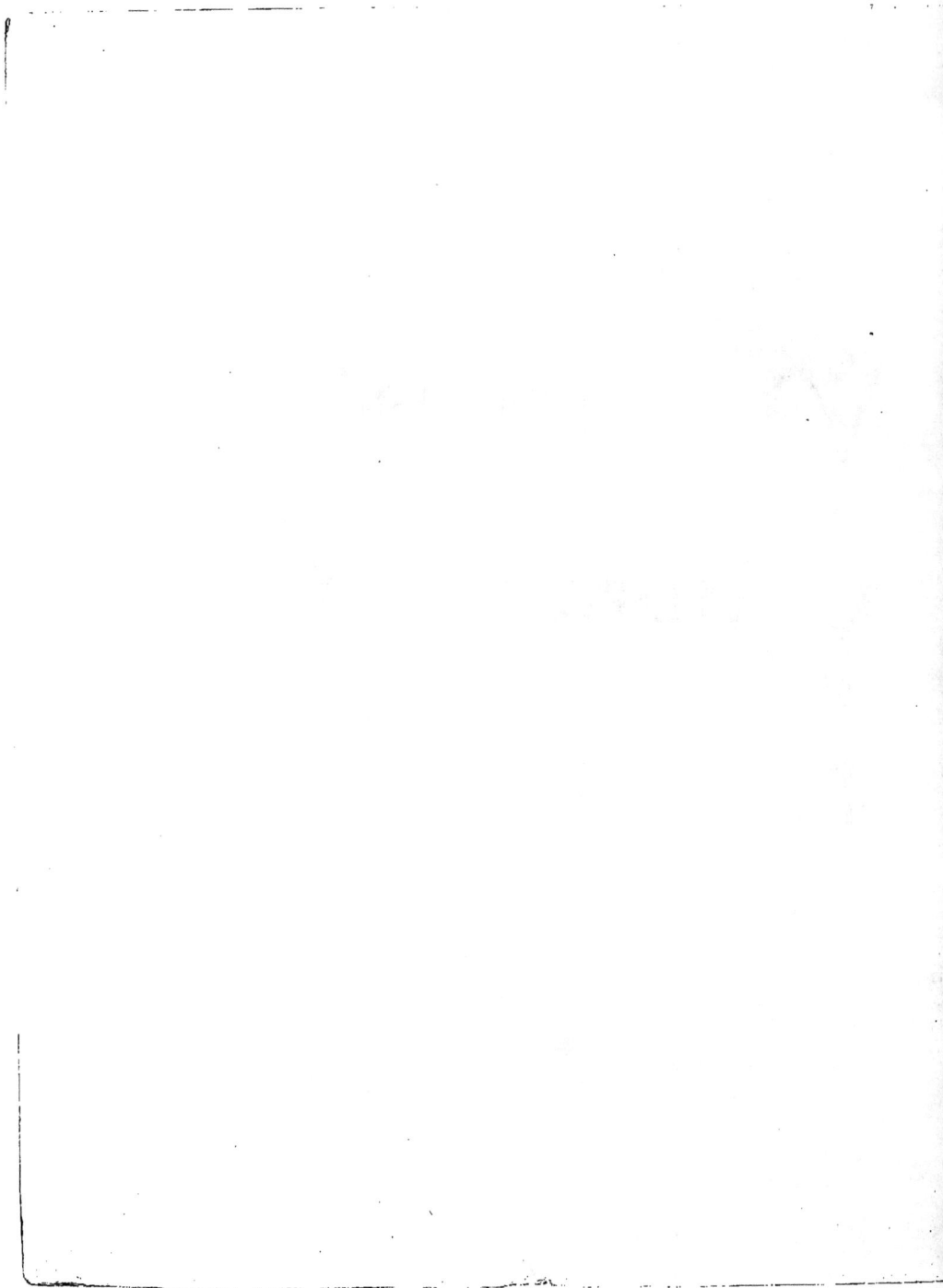

J.-C. BAYLON

LEÇONS

DE

Botanique

Allez enfants cueillir la rose et le glaïeul,
Apportez des lilas et de la clématite,
L'ardent coquelicot, la pâle marguerite.
Les lis droits et si blancs, les jaunes boutons-d'or ;
Cueillez tout, le soleil en fera naître encor.

J. AICARD (*Poèmes de Provence*).

TOULON

Imprimerie du " Petit Var "

Angle boulevard de Strasbourg et rue d'Antrechaus

1903

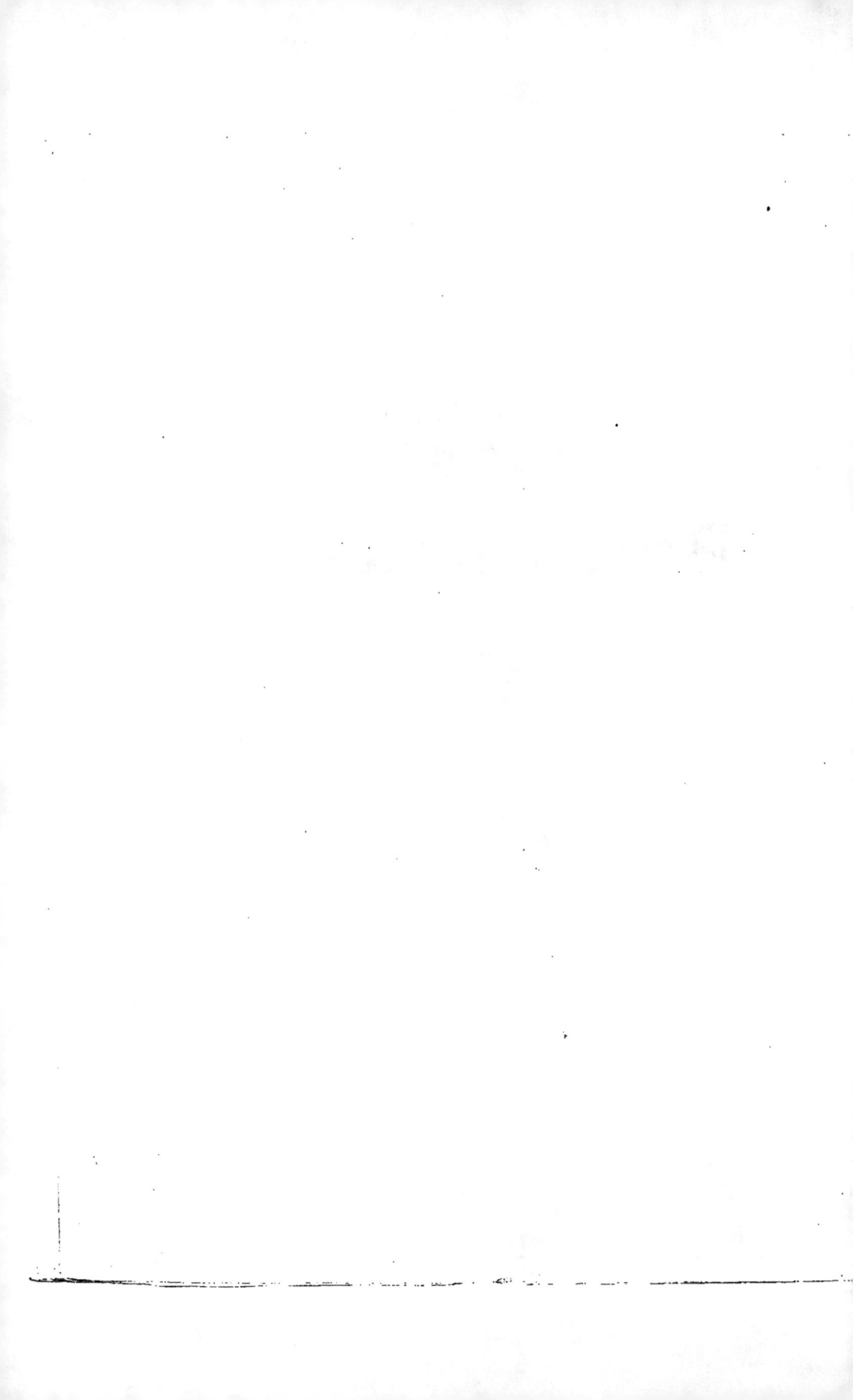

LEÇONS DE BOTANIQUE

Les Organes des plantes. — Cadres ou Degrés de la Classification. — Nomenclature.

La **Botanique** fait partie de l'*Histoire naturelle* : elle a pour objet l'étude des plantes.

Les **Plantes** ont un corps composé de *membres* et d'*organes* qui manifestent leur activité par certains *actes*. Plusieurs actes concourant au même but constituent une *fonction*, et l'ensemble des organes qui exercent une même fonction forment un *appareil*.

La classification est basée sur la connaissance des principaux organes : Racine, tige, feuille, fleur, graine.

La *Racine* et la *Feuille* sont des organes de *nutrition*. La *Tige* un appareil de soutien. Les *Fleurs* servent à former les *graines*, qui en germant donneront de nouvelles plantes. Ce sont des organes de reproduction.

On a divisé le **Règne Végétal** en deux sous-règnes et 4 embranchements : on a distingué tout d'abord :

Les *Plantes à racines* des *Plantes sans racines*.

Les **Plantes à racines** ont un appareil végétatif composé de trois membres :

La *Racine*, la *Tige*, la *Feuille*.

Elles se nourrissent en absorbant les aliments dans le sol par la racine et dans l'air par les feuilles et en les transportant dans toutes les parties du corps par des canaux d'aller et de retour appelés *vaisseaux ligneux* et *tubes criblés* : les plantes à racines sont toutes *vasculaires*.

Les **Plantes sans racines** ne possèdent pas de canalisation intérieure, pas de vaisseaux pour le transport des liquides nutritifs. Leurs aliments pénètrent, par osmose, à la surface du corps et circulent de proche en proche en passant de cellule en cellule ; elles sont exclusivement *cellulaires*.

La division du règne végétal en deux sous-règnes :

Plantes Vasculaires. à Racines
Plantes Cellulaires. sans Racines

établie depuis longtemps par *de Condolle* est donc bien justifiée.

Le mode de reproduction va nous servir à établir d'autres divisions : Les Végétaux se reproduisent par *graines* visibles formées dans un *bourgeon floral* ou bien par des cellules-germes de petite dimension visibles seulement au microscope et nommées *spores*.

On peut donc distinguer, eu égard à la reproduction :

Les Plantes à fleurs et à graines. les **Phanérogames** : les Plantes sans fleurs ni graines, les **Cryptogames**.

Les **Cryptogames** les plus élevées en organisation ont comme les Phanérogames trois membres : racine, tige, feuille : ce sont des *Cryptogames Vasculaires*. Les autres végètent plus simplement, leur appareil de nutrition est tantôt une tige feuillée dépourvue de racines (mousse) tantôt une simple expansion membraneuse nommée *thalle* d'où la division des plantes sans racines ou *Cryptogames cellulaires* en deux embranchements : Muscinées et Thallophytes.

Les naturalistes s'entendent pour admettre les cadres suivants :

Plantes	à racines ou vasculaires	à fleurs -- **Phanérogames** Renoncule	
		sans fleurs — **Cryptogames** Vasculaires Fougère	
	sans racines ou cellulaires	à feuilles -- **Muscinées** Mousse (ordinairement)	
		sans feuilles — **Thallophytes** Lichen (un thalle)	

Chacun de ces *Embranchements* comprend plusieurs *classes*, les classes se subdivisent en *ordres*, puis en *familles*.

Les Familles renferment toutes les plantes qui se ressemblent beaucoup, qui ont un *air de famille* traduisant, des propriétés communes, des affinités réelles souvent évidentes pour tout le monde. Le blé, l'orge, l'avoine, le seigle sont des plantes de la même famille, celle des *Graminées*.

Dans chaque famille, certaines plantes se ressemblent plus entre elles qu'elles ne ressemblent à d'autres et constituent autant de *genres* différents : Dans la famille des Légumineuses-Papilionacées, toutes les plantes présentent cette marque, ce cachet de parenté qui est le fruit en gousse ou *légume* et la fleur *papilionacée*, mais toutes n'ont pas le même feuillage, la même taille, la même durée, la même physionomie, ce qui fait qu'on peut distinguer des groupes naturels, des *genres* dans lesquels les espèces *se ressemblent par toutes leurs parties et principalement par les organes floraux :*

Les trèfles, les luzernes, les sainfoins, les gesses, les genêts, les pois, les lentilles, sont autant de genres de Papilionacées, mais, le trèfle blanc, le trèfle incarnat, le trèfle des prés sont des *espèces* distinctes du genre trèfle.

Les *espèces* du même genre portent toutes le même nom (trèfle, sauge, menthe) et ce *nom générique* est suivi d'un qualificatif ou d'un déterminatif qui désigne l'espèce.

Trèfle étoilé. Sauge des prés. Menthe aquatique.

Les Plantes de la même espèce ont entre elles autant de ressemblance que deux plantes issues de la même mère, cependant elles ne sont pas identiques, car deux plantes qui ont même parents peuvent différer par quelque particularité, l'une conservant les caractères héréditaires, l'autre s'en éloignant. Cette plante qui diffère du type primitif, peut faire souche, se multiplier, former dans l'espèce une *variété*. — Les variétés qui ont acquis la faculté de se conserver en se reproduisant par graines, forment des *races* : Les choux cultivés, sont autant de variétés fixées par la culture, c'est-à-dire des *races*. Les variétés ne se conservent que par la multiplication : boutures, greffes.

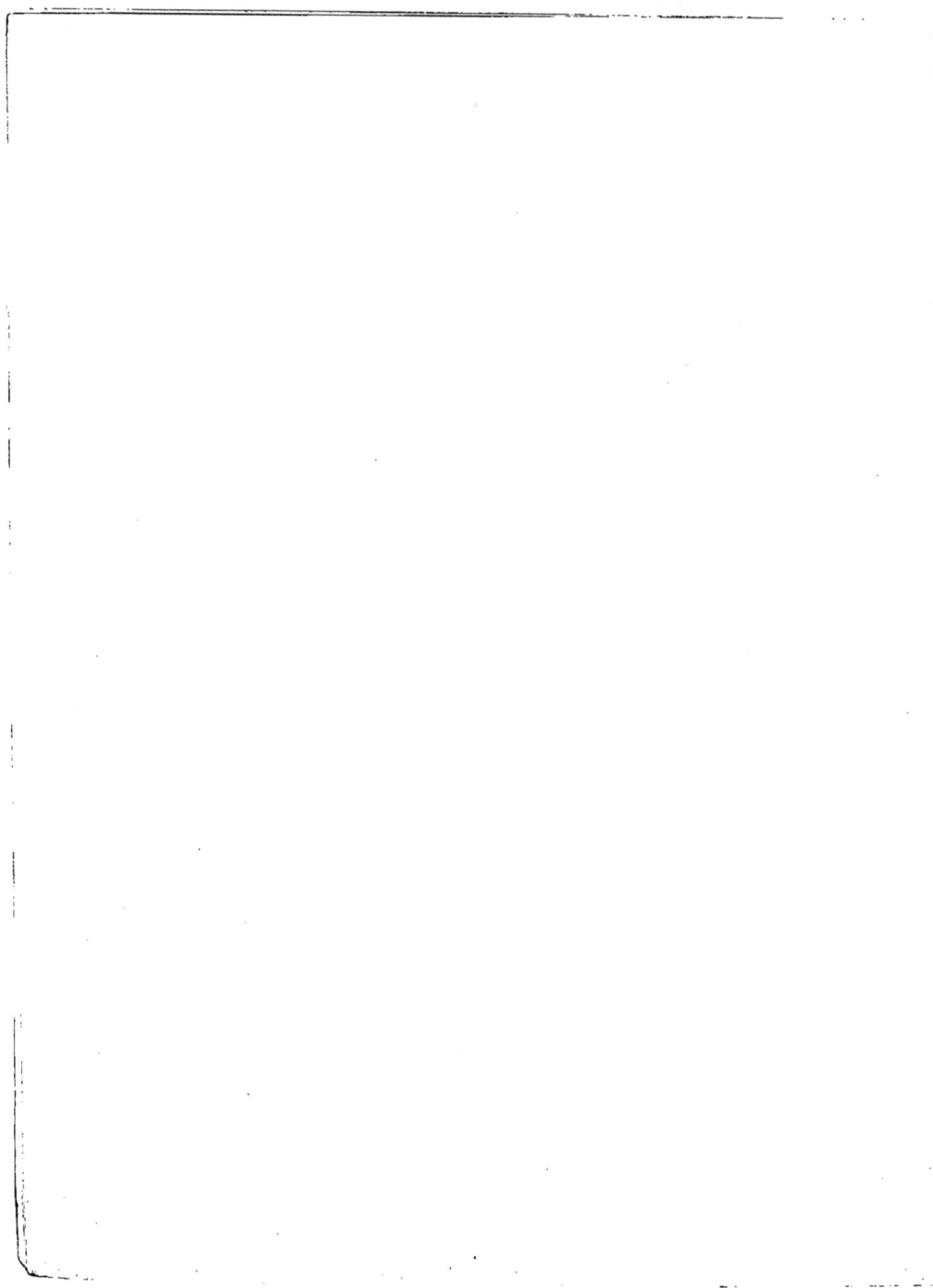

PLANTES SANS RACINES

ou Plantes Cellulaires

~⊲★⊳~

LA CELLULE

Les **Cellules** sont les organes élémentaires des
tissus végétaux et animaux. — Le corps des êtres
vivants n'est qu'un agrégat de cellules de diverses
formes, sortes de petites logettes remplies d'un
grumeau de gelée vivante, le *Protoplasme*. En dé-
layant une fraise dans l'eau on sépare les cellules
les unes des autres et on peut examiner à la loupe,
ces petites vésicules qui surnagent.

Les Cellules sont de petite taille et ordinairement
invisibles à l'œil nu, mais certaines d'entre elles,
poils absorbants des racines, moisissures, grains
de pollen, algues des ruisseaux, spores des fougères, se laissent facilement observer avec une
forte loupe ou un petit microscope.

Chaque cellule a une enveloppe ou *membrane
cellulaire* et un *contenu protoplasmique ;* dans le
protoplasme on aperçoit des *Leucites* et un *noyau.*

Le Protoplasme est une petite masse gélatineuse
possédant tous les attributs de la vie. Il se nourrit,
grandit et se reproduit en se divisant en deux moitiés qui grandissent à leur tour séparément de
manière à atteindre la taille de la cellule mère.
Cette multiplication se fait quelquefois rapide-
ment, aussi les courges, les champignons grandissent à vue d'œil et dans l'espace d'une nuit
doublent leur volume. La division du *protoplasme*
est toujours précédée de la division du noyau.

La Cellule Végétale contient dans son protoplasme des granulations vertes (chloro-leucites) qui lui donnent sa couleur et qui jouent un grand rôle dans la nutrition. Grâce à ce vert des feuilles, la *Chlorophylle*, les plantes possèdent la précieuse faculté de se nourrir de matière minérale ; elles fabriquent de toutes pièces avec l'*eau*, l'*acide carbonique* de l'air, et les *matériaux du sol*, tous les composés organiques qui entrent dans les tissus : le *sucre*, l'*amidon*, la *cellulose*, les *corps gras*, les *substances azotées*, etc. Tout ce travail d'organisation se fait avec une dépense d'énergie que les rayons solaires fournissent gratuitement à la *plante verte*. Celle-ci en effet pousse vigoureusement au soleil et s'atrophie à l'ombre.

Les champignons, les moisissures, les parasites de toute sorte, dépourvus de chlorophylle, ne se nourrissent qu'avec des substances déjà préparées par les plantes vertes ; tantôt c'est un parasite qui s'attache à un être vivant et dont il suce la sève, provoquant une maladie qui le fait dépérir : mildew et oïdium de la vigne, rouille et charbon des graminées ; tantôt c'est une végétation extérieure, se développant sur des produits organiques : champignons comestibles, moisissures du pain, des confitures, ferment alcoolique et acétique.

Certaines plantes de petite taille ne sont formées que d'une seule cellule (protocoques, diatomées) ; mais le plus souvent le corps de la plante n'est pas aussi simple et l'on y distingue des cloisons qui séparent les uns des autres ces organes élémentaires : Dans les *algues filamenteuses* des ruisseaux, les cellules cylindriques qui les composent sont superposées en longues files ; dans les *ulves* ou *laitues de mer*, elles sont juxtaposées en un thalle foliacé ; dans les plantes à corps différencié, en racine, tige et feuilles, les cellules constituent des *tissus massifs* de diverses formes et de diverses fonctions : il y a des cellules courtes et des cellules longues, des cellules minces et pleines, des cellules épaisses et sans contenu, etc. Ces divers tissus constituent des *appareils* appropriés aux fonctions qu'ils accomplissent. Nous les étudierons à leur place.

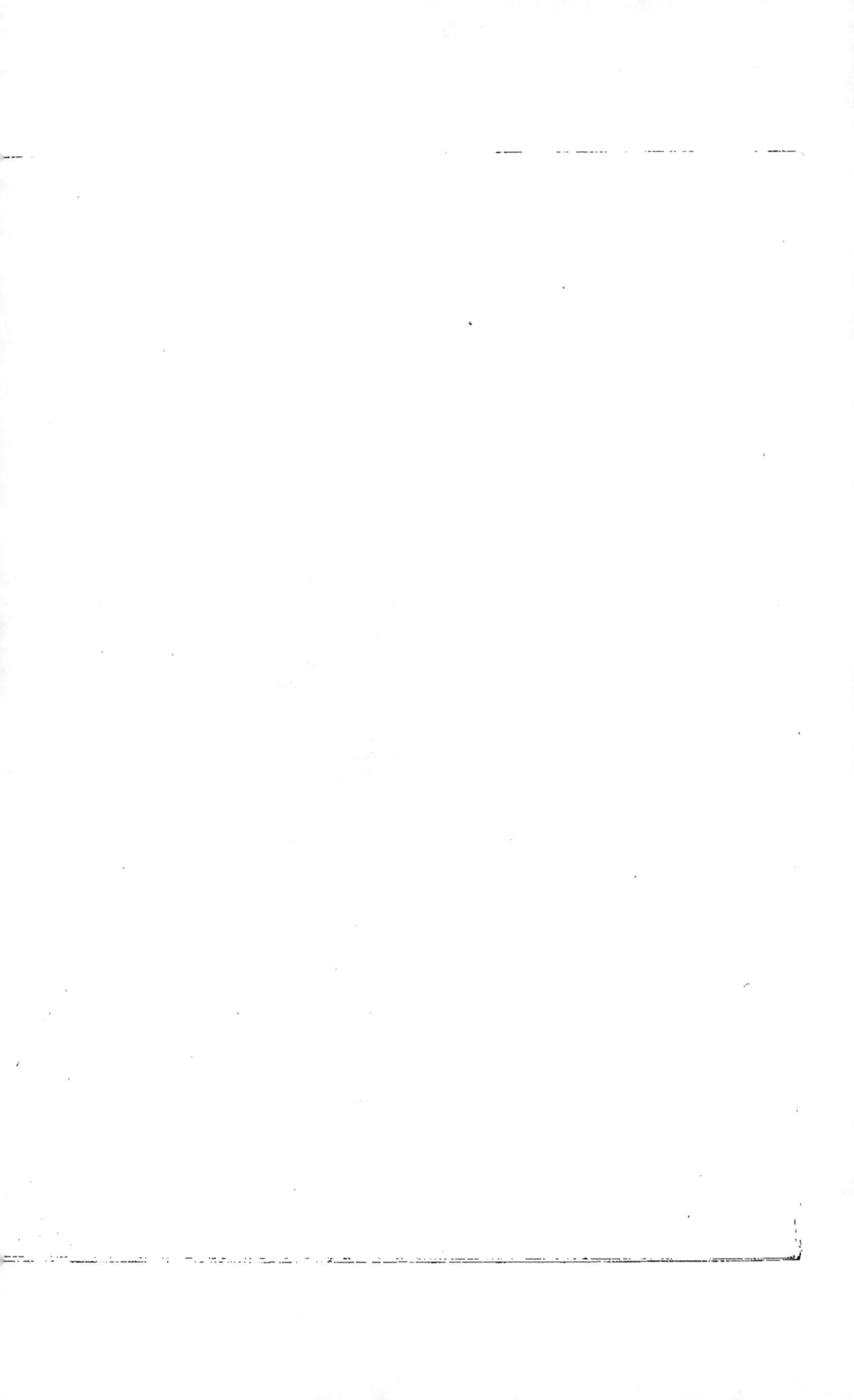

1er Embranchement : **THALLOPHYTES**

ALGUES. — CHAMPIGNONS. — LICHENS

MODES DE REPRODUCTION

———

Les **Thallophytes** sont des végétaux de petite taille, vivant dans l'eau, sur la terre humide, sur l'écorce des arbres, ou à l'état de parasitisme.

Leur appareil végétatif de forme variable a tantôt l'aspect foliacé (*thalle* des algues), tantôt l'apparence d'un écheveau de fils enchevêtrés et anastomosés (*mycelium* des champignons).

La reproduction se fait toujours par *spores*, corps reproducteurs unicellulaires naissant tantôt à l'extérieur, tantôt à l'intérieur des cellules du thalle. Ces spores sont quelquefois en grand nombre dans des cavités spéciales nommées *sporanges* ou *asques*. Quand elles se forment dans l'eau, elles restent nues et portent à leur surface un ou plusieurs cils qui leur permettent de se mouvoir comme les animaux ; on les appelle alors *zoospores*. Enfin, la spore peut résulter de l'union de deux cellules, dont l'une, considérée comme *mère* ou *femelle*, est grosse, immobile, remplie de réserves nutritives ; dont l'autre, la cellule *mâle*, est petite, mobile et dépourvue de réserves. C'est alors une *oospore* ou *spore-œuf*. La reproduction par œufs est dite *sexuée* ; par opposition, on dit que les *spores simples* formées sans fécondation sont des *spores asexuées*. L'œuf, avant la fécondation, s'appelle *oosphère* et son enveloppe *oogone.* L'organe mâle se nomme *anthérozoïde,* et le sac qui le contient *anthéridie* ou *pollinide.*

La reproduction est	usexuée (spores)	Spores simples (immobiles) Zoospores (mobiles)	multiplication.
	sexuée (œuf)	Conjugaison de 2 cellules égales	*Isogamie*
		Union de deux cellules inégales	*Hétérogamie*

Toutes les thallophytes ne possèdent pas la matière verte qui caractérise les organismes végétaux. Les champignons, les rouilles, les moisissures n'ont point de *chlorophylle,* on les réunit dans *la classe des champignons.* Les algues marines, les conferves des ruisseaux qui sont colorées en vert forment *la classe des algues.* Les *lichens* ont à la fois des cellules vertes comme les algues, et des cellules incolores comme les champignons ; ils se reproduisent comme les champignons et se nourrissent comme les algues. Nous distinguerons donc dans les Thallophytes :

Les **Algues**, plantes à chlorophylle ;

Les **Champignons**, plantes sans chlorophylle ;

Les **Lichens**, formés par l'association d'une algue et d'un champignon.

2ᵉ Embranchement : **MUSCINEES**

Les **Muscinées** commencent la série des plantes terrestres et terminent celle des plantes cellulaires. Leur étroite parenté avec les algues, leur impose les conditions d'existence dépendantes du milieu aqueux. L'humidité du sol assure à la fois la nutrition et la reproduction, aussi les mousses viennent partout « où se rencontrent une pincée de terre et une goutte d'eau vive ».

Les mousses ont un *appareil végétatif* déjà différencié en *tige* et *feuilles*, mais avant de le produire, elles végètent quelque temps à la manière des algues. De la *spore* naît un filament vert qui s'allonge, se cloisonne et se ramifie dans le sol humide ; cette sorte de thalle, nommé *protonéma* (premier fil), bourgeonne et forme çà et là des axes verticaux sur lesquels poussent des appendices foliacés. La *tige feuillée* ainsi constituée peut vivre dans l'air : par sa partie inférieure munie de *rhizoïdes*, elle absorbe l'humidité ; par ses feuilles, elle évapore et attire l'eau qui est indispensable à la pénétration et au transport des aliments. Une première circulation s'établit par les cellules internes de la tige qui s'allongent tout en restant très étroites, tandis que celles du pourtour grossissent de manière à avoir à peu près le même diamètre dans tous les sens. L'ensemble des cellules étroites et longues, forme un cylindre central qui se prolonge quelquefois dans la feuille pour y constituer la nervure médiane. Les cellules externes de l'écorce se colorent en épaississant leurs membranes et forment un tissu protecteur. L'allongement de la tige se fait par une cellule terminale, en coin ou en pyramide, qui se divise par des cloisons parallèles à ses faces latérales. Cette *cellule-mère unique*, donne par bipartitions successives, deux ou trois rangs de segments qui se cloisonnent à leur tour en divers sens pour former vers le sommet de la tige, un tissu homogène nommé *méristème primitif*. C'est par un mécanisme semblable que s'allongent les tiges des plantes à racines.

Les organes reproducteurs mâles et femelles *anthéridies* et *archégones* se développent au sommet de la tige des mousses, ou à l'extrémité des rameaux, et l'*oospore* pousse immédiatement un filament brunâtre terminé par une *capsule* remplie de spores. Celles-ci recommencent l'évolution de la plante qui comprend deux générations successives alternant régulièrement : l'une sexuée, la *plante feuillée*, l'autre assexuée, le *sporogone*.

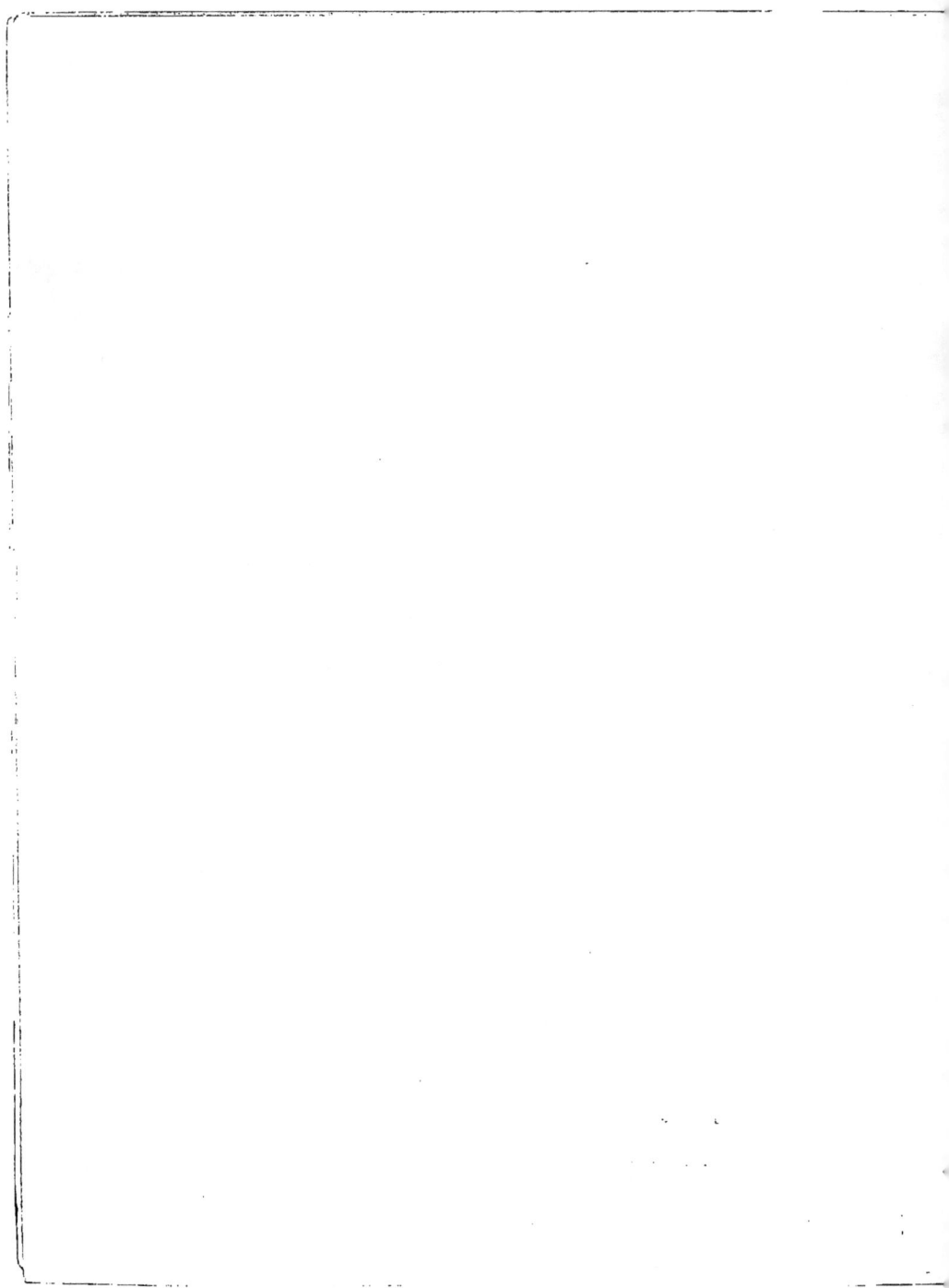

LES PLANTES A RACINES

CLASSE DES FOUGÈRES (FILICINÉES)

Les **Cryptogames vasculaires** ont un appareil végétatif composé de trois membres : la *racine*, la
tige, la *feuille*. Les aliments, absorbés dans le sol
par la racine et dans l'air par les feuilles, sont
transportés dans toutes les parties du corps de la
plante, par les *vaisseaux ligneux* et les vaisseaux
libériens ou *tubes criblés*. La reproduction ne se
fait jamais par graines : les œufs se développent
immédiatement en une plante feuillée qui porte
des *spores* asexuées, les spores donnent en germant
un *prothalle sexué* portant les *anthéridies* et les
archégones. Cet embranchement comprend trois
classes : les *filicinées*, les *equisétinées*, les *lycopo-
dinées*.

Les **Fougères** (filices en latin) sont les plus grandes de ces plantes, comme toutes les cryptogames
elles se plaisent dans les lieux ombragés et humi-
des. La chaleur active leur végétation et le nombre
des espèces augmente à mesure qu'on se rappro-
che de l'équateur, les neuf-dixièmes habitent les
pays chauds et le reste la zone tempérée. Leur appareil végétatif se modifie pour s'adapter aux différents climats : en France la tige rampe sous le sol
(pteris) ou à la surface (polypode) : sous les forêts
sombres des tropiques, elle s'élance en liane ou
s'élève comme le palmier en une colonne simple
terminée par un bouquet de feuilles d'une grande
élégance. Les feuilles, toujours très grandes par
rapport aux dimensions de la tige, sont rarement

simples (scolopendre), le plus souvent finement
découpées (capillaire) ; elles portent sur la face
inférieure, le long des nervures, des groupes de
sporanges nommés *sores*. Les *spores* qui portent
des sporanges germent sur la terre humide et le
prothalle qui en résulte forme les *œufs* d'où sor-
tiront de nouvelles plantes.

4ᵉ Embranchement : **PHANEROGAMES**

L'Embranchement des **Phanérogames** ne compte pas moins de cent mille espèces de plantes. Toutes se distinguent des cryptogames par une disposition spéciale des corps reproducteurs qui sont isolés sur des rameaux distincts différenciés et forment un ensemble bien reconnaissable appelé Fleur.

La **Fleur** comprend le Calice, la Corolle, les Etamines et le Pistil.

Le *Calice* et la *Corolle* sont des ornements dont le rôle est accessoire. L'Etamine et le Pistil sont des organes essentiels.

L'*Etamine* se compose d'un *filet* surmonté d'une *anthère*, renfermant les grains de *pollen*.

Le *Pistil* nous montre trois parties : une région basilaire globuleuse, l'*ovaire* contenant les ovules ; une petite colonne grêle canaliculée, le *style* ; une surface glanduleuse terminant le style, le *stigmate*.

L'*Ovule* est constitué par un tissu cellulaire dont une cellule plus grande que les autres, le *sac embryonnaire* contient l'*oosphère*.

Au moment de l'épanouissement de la fleur, l'anthère s'ouvre, les grains de pollen tombent sur le stigmate et germent en poussant dans le style un tube reproducteur qui arrive jusqu'aux ovules. L'extrémité du tube pollinique perce le sac embryonnaire pour s'unir à l'oosphère et l'*œuf* prend naissance.

L'œuf formé dans le sein même de la fleur, se développe tout de suite en une *plantule* ou *embryon* qui avec ses enveloppes et ses réserves nutritives constitue la semence du végétal, la *graine*.

La **Graine** est nue dans nos arbres résineux et dans quelques autres plantes à fleurs incomplètes où le pistil se réduit à un ovaire sans style ni stigmate, laissant tomber les grains de pollen directement sur les ovules ; mais le plus souvent elle est enveloppée dans une cavité close, l'*ovaire* qui devient *fruit* et qui enferme les ovules devenues graines.

La graine mûre placée dans des conditions convenables d'aération, d'humidité, de chaleur pousse tout de suite une racine et une tige qui porte deux premières feuilles, ou une première feuille, plus rarement plusieurs. Ces organes déjà bien dessinés dans la plantule se nomment *radicule, tigelle, cotylédones*.

On a subdivisé les Phanérogames en deux sous-embranchements et trois classes :

PHANÉROGAMES			
stigmatées. (un fruit) graines enveloppées	— **Angiospermes**	germant avec 2 premières feuilles **Dicotyledones** germant avec 1 première feuille **Monocotyledones**
non stigmatées. graines nues	— **Gymnospermes**	germant avec plusieurs feuilles **Gymnospermes**

PHANÉROGAMES NON STIGMATÉES

Classe des Gymnospermes. — Famille des Conifères

Les **Gymnospermes**, considérés d'abord comme des Dicotylédones, ont été distraites de ce groupe par R. Brown, et placées dans l'échelle des êtres, entre les *Cryptogames vasculaires* et les Phanérogames. Les premières dominent dans la *Flore primaire*, les gymnospermes forment à peu près seules les forêts triasiques et jurassiques *(secondaire)*, les plantes à fleurs brillantes ne se montrent qu'au crétacé et au *tertiaire*.

Les **Conifères**, très répandues dans l'hémisphère boréal, sont rares en Afrique et dans l'hémisphère austral ; originaires du cercle polaire, elles ont reculé peu à peu vers le sud pour se répandre dans les plaines de l'Allemagne et de la Russie, dans les montagnes de l'Europe et de l'Asie où on les trouve maintenant.

On reconnaît facilement une conifère à la disposition des branches et à la nature du feuillage : la *tige* porte des ramifications en verticille qui s'étalent horizontalement (cèdres, sapin) les *feuilles*, persistantes (arbres verts) sont souvent aciculaires (pins, genevriers) ou très petites et appliquées sur les rameaux (cyprès, thuya).

Le bois des conifères a été utilisé de tout temps : le pin du Nord fournit des *mâts* flexibles et tenaces ; les mélèzes et les sapins donnent d'excellentes *pièces de charpente :* poutres, chevrons, plan-

3

ches, d'une durée presque indéfinie : l'aubier et les fagots servent de *combustible*, l'écorce sert de *tan*, et la *résine* qui s'écoule des tiges de tous ces arbres se transforme par la distillation en *essence de térébenthine*.

La *reproduction* des Conifères est assurée, même pour les espèces qui végètent sur les hautes montagnes ou dans l'extrême nord ; ces plantes donnent en effet, de grandes quantités de *pollen* et possèdent la précieuse faculté de ralentir le développement de *l'ovule* pendant la mauvaise saison.

Les Conifères sont monoïques ou dioïques ; leurs *sacs polliniques*, par paires dans les pins et les sapins, plus nombreux dans les cyprès, sont portés sur la face inférieure et dorsale d'une feuille modifiée nommée *anthère*. Les *ovules* renversés (pin) ou dressés (cyprès) sont toujours nus et fixés à la face interne d'une écaille protégée le plus souvent par une bractée ligneuse et charnue. Ces bractées disposées en spirale sur un axe commun forment un *cône* d'où le nom de Conifères donné à cette famille. Dans le Cyprès, le Thuya, le Genévrier, cet organe de fructification est arrondi. Les Ifs ont un ovule solitaire entouré d'un *arille* de couleur rouge.

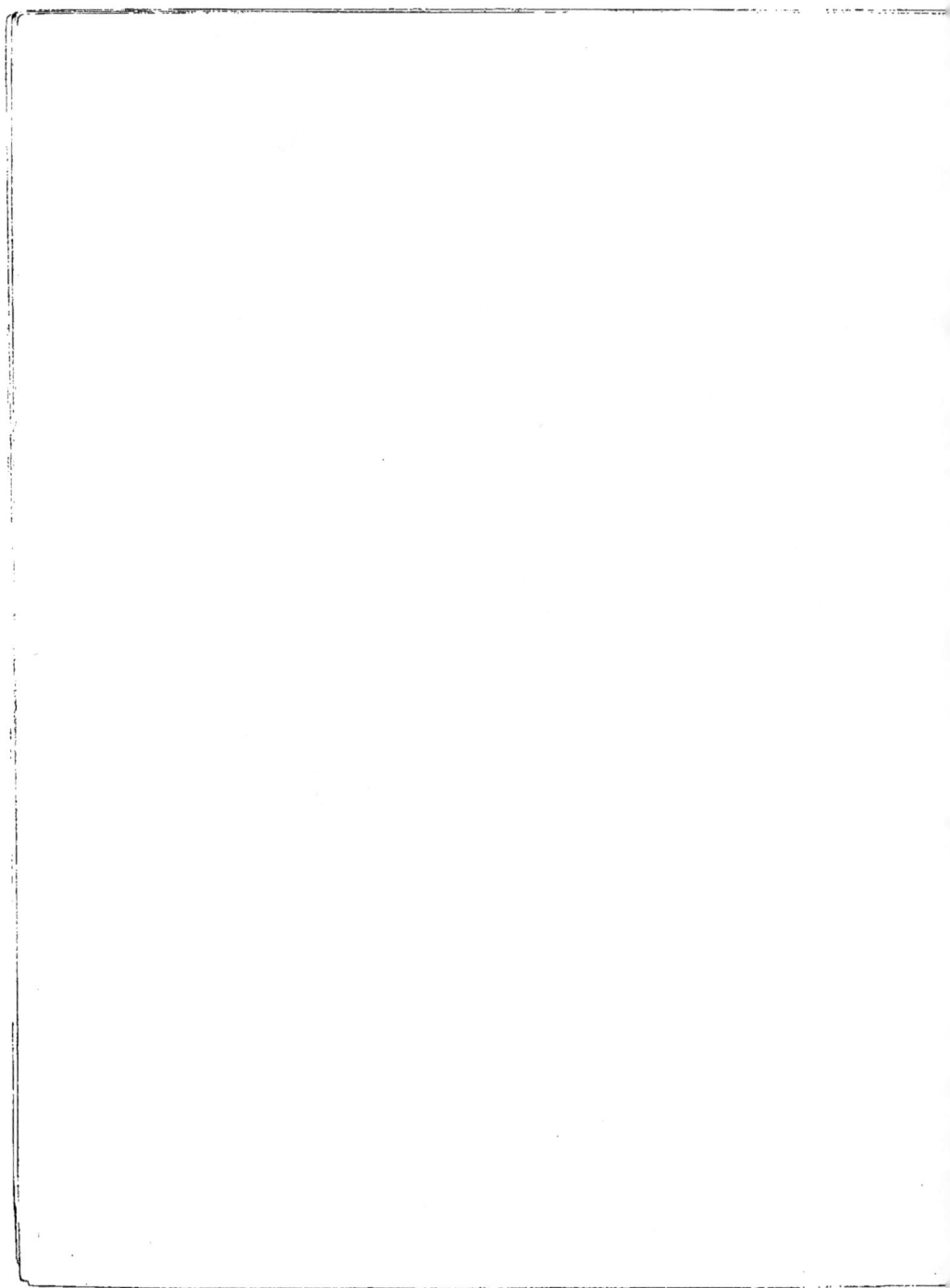

LES MEMBRES DE LA PLANTE

_⚔★⚓_

LA RACINE

___

I. — Morphologie

1. Définition. — La **Racine** est la partie de la
plante qui se dirige vers le centre de la terre,
s'enfonce ordinairement dans le sol, et ne porte
pas de feuilles.

2. Description. — La racine des plantes à fleurs
provient de la *radicule* de l'embryon, elle pousse
verticalement en un cylindre dont l'extrémité est
protégée par une *coiffe*, et à peu de distance de
la coiffe, on aperçoit des *poils absorbants* par lesquels la plante puise dans le sol ses sucs nutritifs.

3. Position. — On peut distinguer :

Une *racine terminale* dans le prolongement de
la tige.

Des *racines latérales normales* qui naissent sur
la tige en des places déterminées.

Des *racines latérales adventives* ou acciden-
telles.

Toutes se ramifient, et les *radicelles* sont toujours disposées en séries linéaires, dont le nombre est fixe pour chaque groupe (quatre dans les
labiées).

4. Forme. — Le mode de ramification et le développement relatif de l'axe et des radicelles donnent
à l'appareil radiculaire sa forme générale :

La Racine est	Pivotante ou	Simple..............	Carotte
		Rameuse............	Cerisier
	Fasciculée	Tuberculeuse........	Orchis
		Chevelue ou fibreuse.	Blé

Les racines pivotantes appartiennent aux Dicotylédones, et les Fasciculées fibreuses aux Monocotylédones. Dans les assolements ou rotation des cultures, on fait succéder une plante à racine pivotante à une plante à racine fasciculée.

II. — Structure

Il y a à distinguer dans la racine, la structure *primaire* de la structure définitive résultant des formations secondaires.

La *structure primaire* est la même chez toutes les plantes vasculaires (cryptogames, gymnospermes, monocotylédones, dicotylédones). Elle comprend :

1° L'*Ecorce* formée de plusieurs assises de tissu vivant ou parenchyme ;

2° Le *Cylindre central* dans lequel on distingue :

Les faisceaux *vasculaires*,

Les faisceaux *libériens*.

Le parenchyme conjonctif (moelle et rayons).

On trouve dans le Parenchyme de l'**Ecorce**, du dehors en dedans :

1° L'*assise pilifère*, de courte durée, formée de cellules jeunes à parois minces, allongées en poils ;

2° L'*assise subéreuse*, persistante, formant le revêtement protecteur de la racine après la chute de l'assise pilifère ; les parois de ses cellules sont cutinisées ;

3° La *zone externe* de l'écorce à cellules jeunes disposées en assises concentriques, sans méats ;

4° La *zone interne* dont les cellules disposées à la fois en files radiales et en assises concentriques, laissent entre elles des méats. L'assise la plus interne de cette partie de l'écorce est formée de cellules à parois latérales subérisées et plissées, on la nomme *endoderme*.

Le **Cylindre central** commence par une couche de cellules qui alternent avec celles de l'endoderme et contre laquelle s'appuient les faisceaux, c'est le *Pericycle*. Les *vaisseaux ligneux* figurent des lames verticales rayonnantes plus épaisses vers l'axe où elles sont formées de vaisseaux plus gros et plus jeunes ; les *tubes criblés* forment des faisceaux plus étendus transversalement et placés dans l'intervalle des faisceaux du bois. — Le *Parenchyme conjonctif* qui sert de trait d'union entre les éléments du tissu conducteur se compose de la *moelle* et des *rayons médullaires*.

III. — Croissance

1. SOMMET. — Ces divers tissus proviennent de la multiplication et de la différenciation d'un massif de cellules qui occupe le sommet de la racine. Ces cellules bien vivantes, polyédriques à protoplasme granuleux et abondant, forment là un *Méristème primitif* engendré par une ou plusieurs cellules-mères. Les Cryptogames vasculaires forment leur méristème par une seule initiale ; les Phanérogames ont trois assises de cellules-mères : initiales de la coiffe, initiales de l'Écorce, initiales du cylindre central.

La multiplication rapide de ces cellules détermine l'allongement de la racine, et l'expérience montre que cet allongement est limité à quelques millimètres de la pointe ; on dit que la *croissance* de la racine est *subterminale*.

Les Radicelles se forment par un mécanisme semblable en face des faisceaux ligneux. Les Cellules du Pericycle se multiplient activement et engendrent un méristème semblable à celui de la racine principale avec une (Cryptogame) ou plusieurs (Phanérogames) initiales.

II. — Les Racines des Cryptogames et des Monocotylédones conservent leur structure primaire pendant toute leur durée et augmentent peu leur diamètre : elles prennent seulement une plus grande consistance en lignifiant les cellules qui avoisinent les faisceaux ligneux et en suberisant celles de l'Écorce ; il se forme ainsi du Sclerenchyme en dedans, et une couche subereuse de plus en plus épaisse dans l'Écorce.

III. — Les Racines des plantes Dicotylédones et Gymnospermes augmentent considérablement leur épaisseur par des *Formations secondaires* libero-ligneuses dans le cylindre central et par la production d'une zone génératrice corticale qui engendre de nouveaux tissus protecteurs dans le parenchyme de l'Écorce : Liège ou periderme en dehors ; Phelloderme ou écorce secondaire en dedans.

IV. — Physiologie

La racine *fixe la plante* au sol et *absorbe les aliments*, mais à côté de ces deux fonctions, elle en remplit d'autres qu'elle partage avec d'autres organes. La racine *respire* et *met en réserve* des substances nutritives qui seront utilisées plus tard.

La racine, pour se fixer solidement, enfonce son pivot tout droit dans le sol ; elle est, comme on dit, *géotropique* ; des expériences nombreuses le prouvent.

L'Humidité oriente également la racine, c'est l'*hydrotropisme*.

La Racine est surtout un organe d'absorption pour les *aliments solubles*, les seuls qui puissent pénétrer dans la plante par cette voie. Il y a lieu de considérer :

Le Lieu de l'absorption (Poils radiculaires) ;

La Nature des matériaux absorbés (Aliments) ;

Le Mécanisme de la pénétration dans la plante ;

La Marche de la sève dans le corps de la plante.

LA TIGE

I. — Morphologie

1. Définition. — La Tige est la partie de la plante *qui porte les feuilles* et les bourgeons. Le point d'attache des feuilles s'appelle nœud et l'intervalle entre-nœud.

2. Existence ou absence. — Les *Thallophytes* et quelques *Hépatiques* manquent de tige, tous les autres végétaux ont une tige plus ou moins apparente ; les plantes *acaules* en ont une très courte cachée par une rosette de feuilles (gentiane acaule). Les Eucalyptus peuvent atteindre 100 mètres.

3. Forme. — La jeune tige est toujours cylindrique, de couleur verte, souvent velue ; mais en grandissant, elle change de forme, de coloration, de consistance, on trouve des tiges carrées (labiées), triangulaires (laîches), aplaties ou ailées (gesses), des tiges herbacées et des tiges ligneuses.

4. Direction. — La tige s'élève ordinairement dans l'air de manière à placer le feuillage dans les conditions d'éclairement les plus favorables (*tige aérienne dressée*). Dans certaines plantes, la tige trop faible pour se soutenir, s'appuie contre le sol (*tige couchée ou rampante*) ou bien s'élève en devenant *grimpante* ou *volubile*. La tige qui rampe sous le sol ressemble à une racine, on lui donne le nom de *Rhizôme ; le bulbe* est un court rhizôme. — Les Tubercules sont des rameaux souterrains remplis de matériaux de réserve. Tous ces organes hypogés portent des Bourgeons et des feuilles écailleuses ou charnues qui permettent de reconnaître leur nature caulinaire.

Le Géotropisme négatif de la tige, c'est-à-dire sa tendance à s'élever en sens inverse de la racine, est démontré par l'expérience. La Tige se dirige en sens inverse de la force qui sollicite le végétal, la racine obéit à cette force.

La Lumière retarde la croissance et détermine la courbure de la tige verticale ; et comme elle éclaire successivement les différents points de la surface, le sommet de l'axe décrit une courbe qui facilite l'enroulement des plantes volubiles. Cet enroulement se fait de gauche à droite (Liseron) ; par exception, comme chez le Houblon, il a lieu de droite à gauche.

Certaines plantes, le Fraisier, le Bugle, produisent des rameaux dressés florifères, et des tiges rampantes ou *stolons* qui en s'enracinant de distance en distance, multiplient le végétal par une sorte de marcottage naturel.

5. RAMIFICATION. — La tige a une croissance *terminale* et *intercallaire*, déterminée à son sommet par l'allongement progressif d'un *bourgeon* dont l'axe porte à l'extrémité les initiales et dont les feuilles s'épanouissent en s'écartant l'une de l'autre. A l'aisselle de ces feuilles viennent des *bourgeons latéraux* qui s'allongent aussi comme le bourgeon terminal et produisent les branches et les rameaux.

6. — Le **Bourgeon** est un rameau en formation, composé d'un axe ordinairement très court, portant des feuilles à peine ébauchées. Les feuilles intérieures s'épanouissent seules, les externes sont des écailles protectrices qui tombent lorsque le bourgeon se développe.

On reconnaît sur les rameaux deux sortes de bourgeons : les *Bourgeons à bois* ou à feuilles allongés et pointus, les *Bourgeons à fleurs et à fruits* plus gros et plus arrondis, on y voit aussi des *Bourgeons mixtes* qui donnent à la fois des feuilles et des fleurs (Vigne-Cerisier).

Les Bourgeons souterrains sont tubérisés comme les tiges souterraines. Ainsi, les *Turions* d'Asperges, les *Bulbes* ou oignons. Les *Bulbes* sont *écailleux* ou *tuniqués* ; ils portent à l'aisselle des écailles ou des feuilles engainantes, des *bulbilles* ou *Caïeux* qui se détachent et multiplient la plante bulbeuse (aïl-Jacinthe).

Les Bourgeons portent en eux des réserves nutritives qui assurent l'alimentation de la jeune pousse, aussi peuvent-ils se développer quand on les a détachés de la plante-mère. Les Végétaux se multiplient ainsi par *marcottes*, par *boutures* ou *par greffe*. Les nouveaux individus obtenus par ces diverses opérations horticoles gardent tous les caractères de la souche d'où ils sont partis.

7. PORT. — La ramification et l'allongement relatif de l'axe et des branches, donnent à la plante sa physionomie spéciale, son *port*. Le *stipe* des Palmiers et des Fougères arborescentes, qui est une tige simple, a une allure plus dégagée que le *tronc* indéfiniment rameux des Dicotylédones. Celui-ci peut s'élancer en fût, en colonne puissante avec des rameaux grêles, comme dans le peuplier, ou produire de grosses branches qui s'étalent en une *Cime* arrondie comme le pin parasol. La tige peut aussi se ramifier de suite au ras du sol et former un *buisson*. Le *Chaume* est une tige creuse avec des nœuds pleins.

Structure de la Tige

Passage de la racine à la tige. — Le plus souvent les faisceaux libériens se continuent de la racine à la tige et les faisceaux ligneux se dédoublent, chacune de ces moitiés tourne de 180° et vient s'appliquer contre le faisceau libérien voisin, de sorte que le faisceau ligneux caulinaire provient de l'accollement de deux demi-faisceaux radiculaires.

Comme *dans la racine*, il y a lieu de distinguer :
1° Une structure primaire, comme à toutes les

plantes vasculaires d'un même groupe. On l'examine à peu de distance du sommet.

2° Une structure secondaire spéciale aux *plantes dicotylédones et aux gymnospermes* à grosses tiges ligneuses.

La structure primaire comprend :

1° Un épiderme à cellules cutinisées portant des *stomates* et des *poils*.

2° Une écorce *mince, molle* à cellules polyédriques, laissant entre elles des méats et contenant de l'amidon et de la chlorophylle (zone herbacée). Les cellules de l'*endoderme* sont riches en amidon.

3° Un cylindre central *épais et dur* qui diffère essentiellement de celui de la racine par la position relative des faisceaux ; chacun d'eux est formé d'une *partie ligneuse interne* intimement unie à un faisceau *libérien externe* qui s'appuie contre le *péricycle*. Le tissu conjonctif compris entre les faisceaux libéro-ligneux forme les *rayons médullaires* qui relient la *moelle* au *parenchyme cortical*.

Le *méristème primitif* qui occupe le sommet de la tige résulte du cloisonnement répété d'une seule cellule mère (mousse) ou de la bipartition de plusieurs initiales, ordinairement : trois groupes, un de l'épiderme, un de l'écorce, un du cylindre central.

Pendant que de nouveaux tissus se forment et se différencient au sommet, ce qui allonge la tige, des *formations secondaires* s'intercalent entre les tissus primaires, et la tige grandit en épaisseur ; il se produit ordinairement deux *zones génératrices :* l'une interne libéro-ligneuse, l'autre en dehors des faisceaux, de position variable, péricyclique (groseillier), corticale (chêne), épidermique (poirier).

L'ensemble des formations primaires et secondaires dans une tige de Dicotylédone ayant plus d'un an comprend :

26

1° L'Epiderme ;
2° Le Liège ;
3° La zone génératrice externe ;
4° L'Ecorce secondaire ;
5° Le liber primaire ;
6° Le liber secondaire ;
7° L'assise génératrice libéro-ligneuse ;
8° Le bois secondaire ;
9° Le bois primaire ;
10° La moelle.

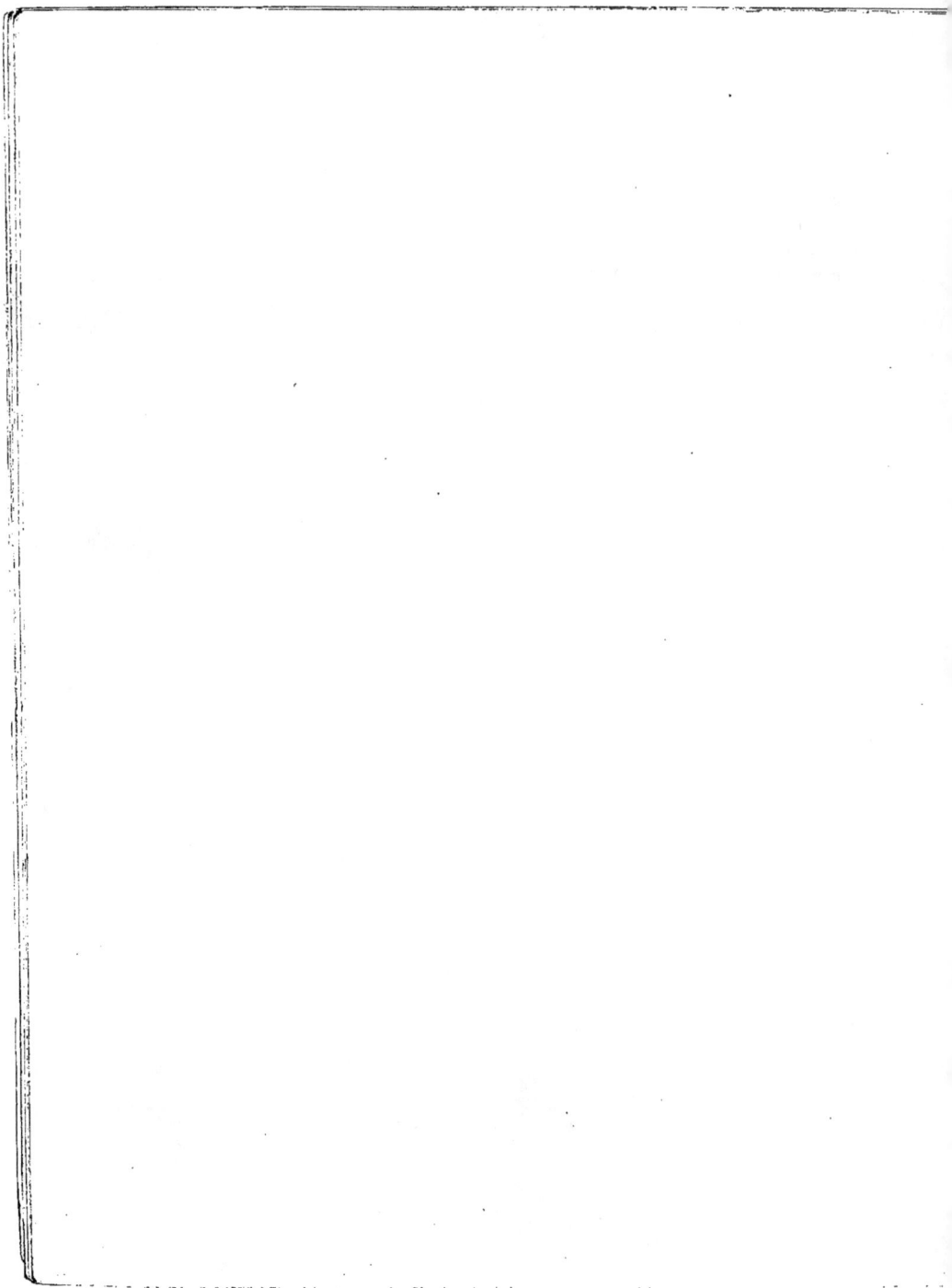

LA FEUILLE

I. — Morphologie

1. DÉFINITION. — La **Feuille** est un organe de nutrition qui pousse sur les nœuds de la tige et qui porte ordinairement à son aisselle un ou plusieurs bourgeons.

2. COMPOSITION. — On distingue dans une feuille complète trois parties : le *limbe*, le *pétiole* et la *gaîne*. — A la base du pétiole on voit souvent des *stipules* (Rosier). Le pétiole se ramifie dans le limbe et dessine des côtes saillantes, les *nervures*, qui laissent entre elles une plus ou moins grande étendue de *parenchyme chlorophyllien*.

3. EXISTENCE OU ABSENCE. — La Feuille ne manque que chez les Thallophytes, mais elle peut se réduire au limbe (F. sessile) ou au limbe porté par un pétiole (F. pétiolée), ou bien encore à un limbe fixé directement à la gaîne (F. engaînante).

4. FORME. — La *Forme* de la feuille dépend de la *Nervation* et de la profondeur des découpures. La Feuille du Pin est *uninerviée* ; les feuilles *plurinerviées* sont *pennées* (cerisier), *palmées* (vigne) ou *rectées* (monocotylédones).

La feuille entière a les bords continus sans découpures (lilas) ; la feuille découpée peut être simplement *dentée* (ortie), ou bien profondément échancrée et *lobée* (platane). La *feuille composée* a le limbe discontinu et divisé en plusieurs *folioles*. Celles-ci sont disposées suivant le mode *penné* (sureau) ou *palmé* (marronnier).

5. SITUATION. — La *Forme* de la feuille, son étendue, sa consistance, sa structure, varient avec le milieu dans lequel cet organe se développe :

Les *feuilles cotylédonaires* sont charnues, comme les écailles ou les tuniques de Bulbes ; les *feuilles radicales* sont étendues en surface, celles des *rameaux* plus allongées et plus découpées : la linaire velvote qui rampe sur le sol a les feuilles orbiculaires, comme la cymbalaire qui grimpe sur les murs, tandis que les autres linaires les ont ovales-lancéolées. — Le milieu aquatique détermine d'importantes modifications de forme et de structure ; la feuille est rubanée dans l'eau courante, et décomposée dans l'eau dormante, elle devient ronde si elle flotte.

6. POSITION. — Les feuilles sont disposées symétriquement sur la tige ; les unes sont *verticillées* (laurier-rose), d'autres *opposées* (labiées), d'autres *isolées* ou *alternes* (poirier). Les Verticilles de deux ou plusieurs feuilles alternent avec les verticilles voisins. Les feuilles isolées sont placées sur un nombre déterminé de lignes verticales et s'espacent régulièrement sur une hélice en s'écartant l'une de l'autre d'une quantité constante, *l'angle de divergence* $\frac{1}{2}$ $\frac{1}{3}$ $\frac{2}{5}$.

II. — Structure

La Feuille la plus différenciée a une face supérieure et une face inférieure ; elle comprend un *Pétiole* et un *limbe*.

Le **Pétiole** est symétrique par rapport à un plan ; il a un *épiderme* avec poils et stomates comme celui de la tige et un *parenchyme* chlorophyllien irrégulier analogue au parenchyme cortical. Les faisceaux sont disposés en arc de cercle et d'inégale grosseur, le plus inférieur, le plus gros est dans le plan de symétrie, les autres à droite et à gauche sont de plus en plus petits. Le liber qui occupe le bord extérieur du faisceau est bordé de *péricycle* et d'*endoderme*. Ces deux assises enveloppent complètement chaque faisceau, ou bien s'étendent à droite et à gauche en une zone continue enveloppant tous les faisceaux ensemble rapprochés jusqu'au contact.

Le **Limbe** a un *épiderme supérieur* continu et sans stomates ; un *mésophylle* avec tissu en palissade et tissu lacuneux ; un *épiderme inférieur* percé de nombreux stomates. La position et le changement de milieu modifient la structure comme la forme ; les feuilles verticales ont des stomates sur leurs deux faces ; celles qui flottent les portent à la face supérieure ; enfin, les feuilles submergées en sont totalement dépourvues.

LA FLEUR

DÉFINITION DE LA FLEUR. — La **fleur** est un court *rameau de feuilles modifiées* dont les plus intérieures concourent à la formation de l'œuf et de la *graine* et dont les plus extérieures enveloppent et protègent les premières. La *fleur complète* doit donc comprendre au-dessus du *pedoncule* et du *réceptacle* qui constituent son *axe* deux sortes d'organes :

Des *organes essentiels* ou sexuels ;

Des *organes enveloppes* formant un Périanthe.

Les enveloppes sont visiblement des feuilles transformées, on les nomme *calice* et *corolle ;* les organes essentiels, *étamines* et *pistil* s'écartent davantage de la feuille.

Fleur	**Complète**	deux enveloppes (Perianthe)	Calice, formé de Sépales. Corolle id. Pétales.	Fl. pé-rianthée	Œillet Primevère Coquelicot Renoncule
		deux organes essentiels	Androcée..... Etamines Ginécée ou Pistil Carpelles	Herma-phrodite	id.
	Incomplète	Une enveloppe, pas de corolle. Fl. apétale. Pas d'enveloppe, ni calice, ni corolle......... Fl. nue.		Monopé-rianthée Apérian-thée.	Ortie Chêne
		Un organe sexuel	Étamines seulement...... Fl. mâle. Pistil seulement. Fl. femelle	Uni-sexuée.	Mercuriale Chanvre
		Pas d'organe sexuel...... Fl. stérile. Asexuée			Boule de neige

La fleur se compose d'un réceptacle portant des organes sexuels nus ou munis d'enveloppes florales, ou bien portant des enveloppes sans organes sexuels.

Les plantes à fleurs unisexuées ou Pl. *Diclines* sont *monoïques* si les *fleurs* à étamines et les fleurs à pistils poussent sur le même pied (maïs) ; *dioïques,* s'il y a des pieds mâles et des pieds femelles.

ANALYSE DE LA FLEUR. — L'analyse de la fleur peut se traduire graphiquement : par une *formule*, par le *diagramme* et par une *coupe verticale*.

1° La *coupe* verticale indique la forme des organes et leur position sur l'axe.

2° La projection horizontale idéale nommée *diagramme*. représente le *nombre* et la position relative des parties de la fleur.

3° La *formule* dont le nombre des pièces de chaque verticille :

$$\text{Ex.} \begin{cases} \text{Lin} : F = 5\,S + 5\,P + 5\,E + 5\,C. \\ \text{Jacinthe} : F = 3\,S + 3\,P + 3\,E + 3\,E^1 + 3\,C. \end{cases}$$

SYMÉTRIE DE LA FLEUR. — Les feuilles modifiées du bourgeon floral sont disposées sur le réceptacle comme les feuilles ordinaires sur leurs rameaux, c'est-à-dire suivant la *loi d'alternance* :

1° Dans les *fleurs verticillées*, les pétales alternent avec les sépales. les étamines sont placées dans l'intervalle des pétales et alternent avec les carpelles.

2° Dans les *fleurs cycliques spiralées* où toutes les pièces sont isolées et superposées sur une *spirale* commune, elles forment plusieurs cycles. (Renonculacées) ou un seul (Nenuphar).

La *symétrie rayonnée* de la *fleur régulière*, peut être altérée ou masquée par diverses causes :

1° L'*inégalité de développement* qui change la forme et la longueur relative des pièces de chaque verticille *(fleurs irrégulières* ou à *symétrie binaire* : (Papilionacée, Violariées).

2° La *Métamorphose* ou transformation d'un organe en un autre ; la métamorphose peut être *ascendante* ou *descendante* : La corolle du Marronier n'a que quatre pétales au lieu de cinq, le cinquième est devenu étamine ; il n'y a plus de symétrie de nombre. La fleur du balisier est devenue *asymétrique* par transformation des étamines en pétales, il reste une demi étamine.

3° L'*Avortement* : Solanées, scrofulariées, labiées, orchidées.

4° La *Multiplication*, qui augmente le nombre des verticilles : Monocotylédones, Geraniacées.

5° Le *Dédoublement*, latéral ou suivant le rayon : Crucifères, Allantéra, Jonc fleuri, Rosacées.

Inflorescences. — Les Fleurs poussent à l'extrémité de la Tige et des rameaux ou à l'aisselle des feuilles ; elles sont isolées ou groupées en bouquets nommés Inflorescences et accompagnées de *bractées.*

Les Inflorescences sont *définies* (Cyme), *indéfinies* (grappe) ou mixtes.

Dans les premières, les *Cymes*, les bourgeons à fleurs sont terminaux et l'axe principal ne porte qu'un ou deux axes secondaires. Dans les autres, la grappe et ses modifications, la tige principale se termine par un bourgeon à bois, et porte latéralement un assez grand nombre d'axes secondaires.

	définies Cyme	à 1 axe. Unipare	Héliçoïde . . . Ornithogalle.
			Scorpioïde. . . Héliotrope.
		à 2 axes. Bipare	Cy. Dichotome P. Centaurée
Inflores-cences	indéfinies	Fleurs pédonculées	Grappe . . . . Groseiller.
			Corymbe . . . Poirier.
			Ombelle. . . . Lierre.
		Fleurs sessiles	Capitule . . . Pâquerette.
			Épi . . . . . . Blé.
			Chaton. . . . . Chêne.
	mixtes	Grappe de Cymes . . . . Vipérine.	

Les ETAMINES. — L'ANDROCÉE

Les **Etamines** forment par leur réunion l'*Andro-cée* ; elles alternent avec les pétales et avec les carpelles, dans la fleur complète.

Chaque Etamine se compose d'un *filet* et d'une *anthère* ; l'anthère est à deux loges soudées entre elles et au filet par le *connectif*.

L'Etamine n'est qu'une feuille rétrécie adaptée aux fonctions de reproduction, elle représente l'organe mâle ; dans de nombreuses plantes, on trouve toutes les formes de passage du Pétale à l'Etamine, elle revient à sa forme originelle dans les fleurs doubles.

STRUCTURE. — Comme dans la feuille, on trouve un *Epiderme* muni de stomates, un *parenchyme*, et suivant l'axe un faisceau *libero-ligneux* avec liber en dehors et bois en dedans. La face supérieure porte quatre émergences, correspondant à autant de *sacs polliniques*. Les sacs polliniques sont remplis de grandes cellules. les *Cellules-mères* du pollen qui en se divisant 2 fois formeront 4 grains de Pollen.

Les cellules-mères, formées par la division tangentielle de la couche sous-épidermique restent séparées de l'épiderme par trois assises de cellules ; deux assises nourricières et une assise mécanique. Les cellules de cette dernière, lignifiées sur leur face interne et irrégulièrement épaissies sur leurs parois latérales provoquent en se desséchant la *Déhiscence de l'anthère*. Celle-ci s'ouvre par une fente longitudinale qui intéresse à la fois deux sacs polliniques voisins. — Dans les mauves, la fente est transversale et dans la morelle elle se réduit à un **pore**.

Les grains de pollen qui s'échappent des deux loges de l'anthère au moment de la déhiscence sont des cellules à membrane épaisse ordinairement différenciée en deux couches, l'*exine* cutinisée avec pores, plis, reliefs de forme variable et l'*intine*, mince, extensible, de nature cellulosique.

L'**Androcée** composé d'un petit nombre d'étamines en a autant que de pétales ou un nombre double : Les Monocotylédones qui ont 3 pétales, ont 3 ou 6 étamines (Iris, lis) ; les dicotylédones à 4 ou 5 pétales, portent 4 ou 5 étamines, ou bien 8 ou 10, quelquefois un nombre indéfini.

Les Etamines libres de toute adhérence sont portées par l'axe de la fleur et insérées au-dessous du pistil (Etamines hypogynes, Plantes thalamiflores). Les Etamines soudées à la corolle ou au calice (Pl. corolliflores et caliciflores) ont leur point d'insertion au-dessous du Pistil, (Et. épigynes) ou autour du Pistil (Et. perigynes). Les rapports de nombre, de grandeur, de position des Etamines, ainsi que l'existence ou l'absence de ces organes, ont servi à établir les 24 classes du système sexuel de *Linné* ainsi que les principales divisions de la méthode naturelle de *de Jussieu* et de celle de *de Candolle*.

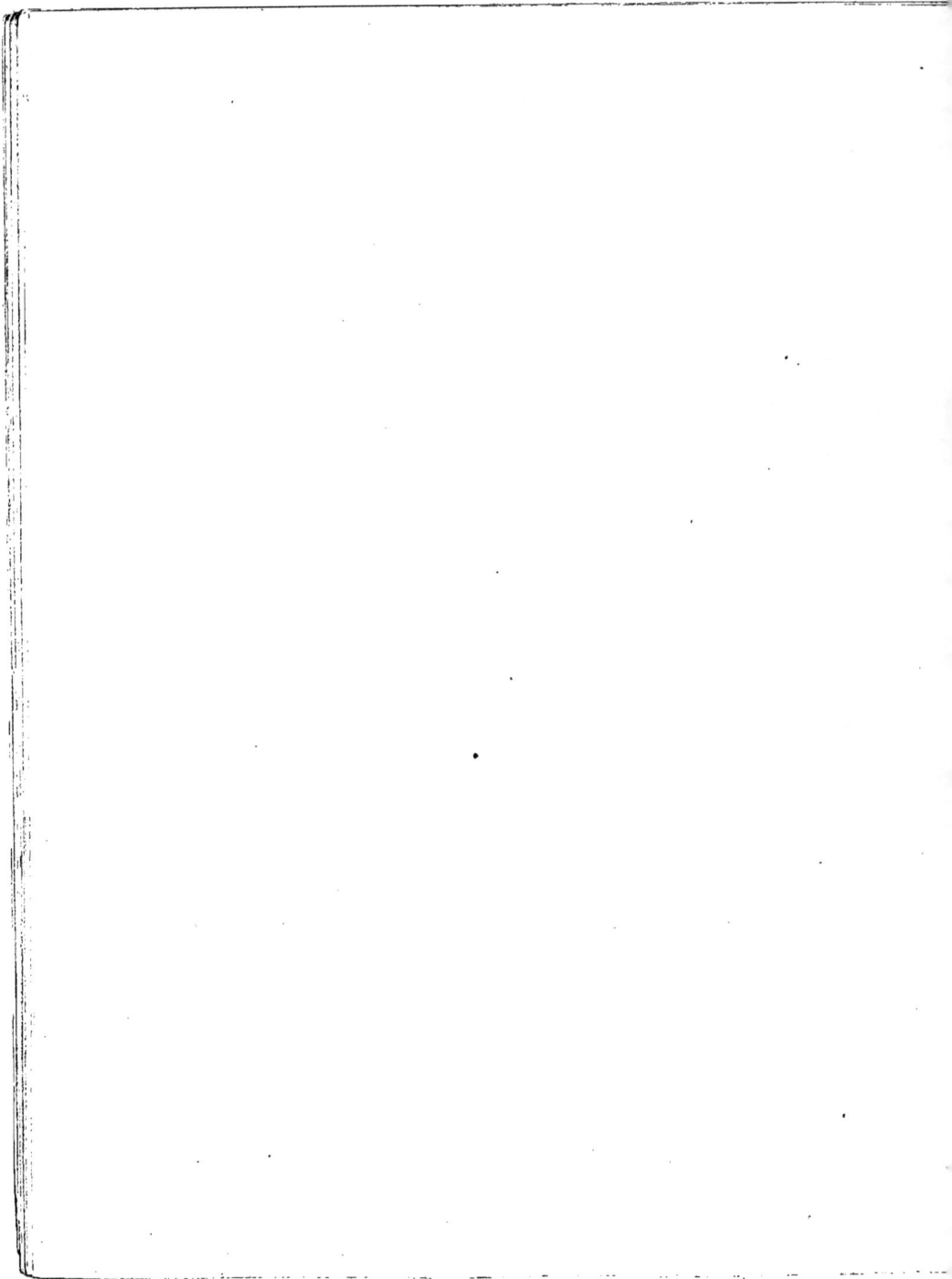

35

LE PISTIL. — L'OVULE

Le **Pistil simple** ou *Carpelle* est une feuille sessile dont les bords en se rapprochant forment un sac, une cavité close, l'*ovaire* et dont la nervure médiane se prolonge au-dessus de l'ovaire en un *style* terminé par un renflement glanduleux, le *stigmate*.

Les bords renflés du Carpelle, les *Placentas* portent les *Ovules*.

Le **Gynécée**, 4° verticille de la fleur complète, peut se réduire à un seul Carpelle (légumineuses) mais le plus souvent il est formé d'un plus grand nombre de carpelles qui restent indépendants l'un de l'autre (renoncules) ou qui se soudent en un ovaire pluriloculaire (lis) ou uniloculaire (violette). Si les Carpelles se ferment avant de se souder entre eux, les placentas forment au centre de la fleur un axe portant les ovules, la *placentation est axile* (lis) si au contraire les carpelles se soudent bord à bord, les placentas restent pariétaux et chacun d'eux est formé de deux moitiés appartenant à des carpelles voisins, la *placentation est pariétale* (crucifères). — On observe aussi dans quelques espèces la *placentation centrale libre* (primulacées) où les ovules sont portés sur une colonne centrale soudée à l'ovaire par la base seulement.

L'Ovaire peut être libre de toute adhérence avec les organes voisins (ovaire supère) ou adhérent aux autres parties de la fleur (ovaire infère).

L'**Ovule** est un petit corps arrondi, composé d'une enveloppe, le *tégument*, et d'un contenu cellulaire, le *Nucelle* ; il est rattaché au placenta par un petit cordon, le *funicule*.

Le *Tégument* est l'analogue d'une foliole dont le

carpelle serait la feuille composée : on y distingue un épiderme et un parenchyme parcouru par des nervures : s'il y a deux enveloppes, l'externe seule est vasculaire. Il porte en un point de sa surface un pore, le *micropyle*.

Le *funicule* représente un pétiolule et contient un faisceau libéro-ligneux et un parenchyme homogène recouvert par un épiderme. Le faisceau pénètre dans le tégument et s'y ramifie. — Le point où le funicule s'attache au tégument est le *hile*.

Le *Nucelle* est une masse cellulaire ovoïde qui se fixe au tégument par la *chalaze* et qui présente de bonne heure une grosse cellule reproductrice, le *sac embryonnaire*. — Chez les Angiospermes, le Noyau du sac donne par 3 bipartitions successives 8 noyaux, dont 2 en se fusionnant forment le *noyau secondaire* et dont les 6 autres s'entourent de protoplasme pour former autant de cellules : Les 3 supérieures nommées *Oosphère* et 2 *synergides* restent nues, tandis que les 3 cellules *antipodes* se recouvrent d'une membrane. A cet état de développement la fécondation peut avoir lieu.

L'Ovule est droit (orthotrope), ou inverse (anatrope), ou courbe (campilotrope).

37

LE FRUIT

La Fructification suit de près la floraison : les étamines, arrivées à la maturité, s'ouvrent et abandonnent leur pollen qui passe de l'anthère au stigmate (Pollinisation), germe sur le stigmate et pénètre jusqu'à l'*Ovule ;* le contenu du tube pollinique se mêle au contenu du sac embryonnaire, et de cette union ou *Fécondation*, résulte la formation de l'œuf et plus tard la transformation de l'*Ovule* en graine et de l'Ovaire en fruit.

Le fruit comprend le *Péricarpe* et les *graines*.

Le Péricarpe est *sec* ou *charnu*, *déhiscent* ou *indéhiscent*.

Tout fruit dont le Péricarpe est entièrement charnu, porte le nom de **baie** (raisin), c'est une **drupe** si le Péricarpe charnu contient un noyau (cerise). Les fruits secs qui ne s'ouvrent pas sont des **achaines** : s'ils s'ouvrent pour mettre les graines en liberté, ce sont des **capsules** de diverses formes.

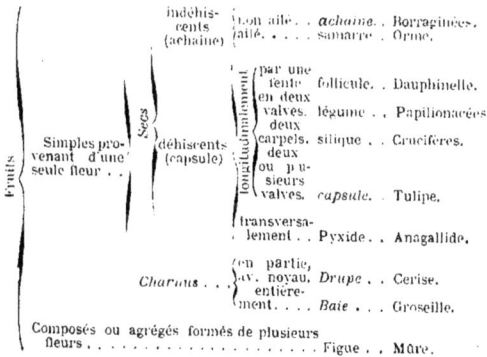

38

LA GRAINE

Une **graine** est un ovule fécondé et grossi, contenant une jeune plante.

L'enveloppe de la graine, le *tégument*, présente comme l'ovule. le *hile* et le *micropyle ;* le *funicule* développe quelquefois autour de la graine une sorte de cupule nommée *arille.* Le contenu de la graine, l'amande, se compose toujours d'un *embryon* accompagné ou non d'une réserve nutritive nommée albumen. L'albumen est *farineux* dans les graminées, *huileux* dans les pavots, le ricin ; *charnu* dans le cocotier, la pensée, dur dans le café. L'Embryon, à peine différencié dans les orchis, est bien développé dans l'amande où il a résorbé complètement l'albumen : on y distingue un *radicule,* une *tigelle* portant deux *cotylédones* (plantes dicotylédonées) et se terminant par un petit bourgeon, la *gemmule.*

La graine arrivée à son état normal au moment où elle se détache de la plante mère, peut se développer, germer tout de suite ou bien se conserver assez longtemps sans manifester ses caractères d'*être vivant.* on dit que sa vie est *ralentie* ou *latente.* La germination est le passage de l'état de vie latente à l'état de vie active des organes de l'embryon. Pour qu'une graine germe il faut :

1° Qu'elle soit mûre et bien constituée.

2° Qu'elle trouve dans le milieu extérieur de l'eau, de l'air, de la chaleur.

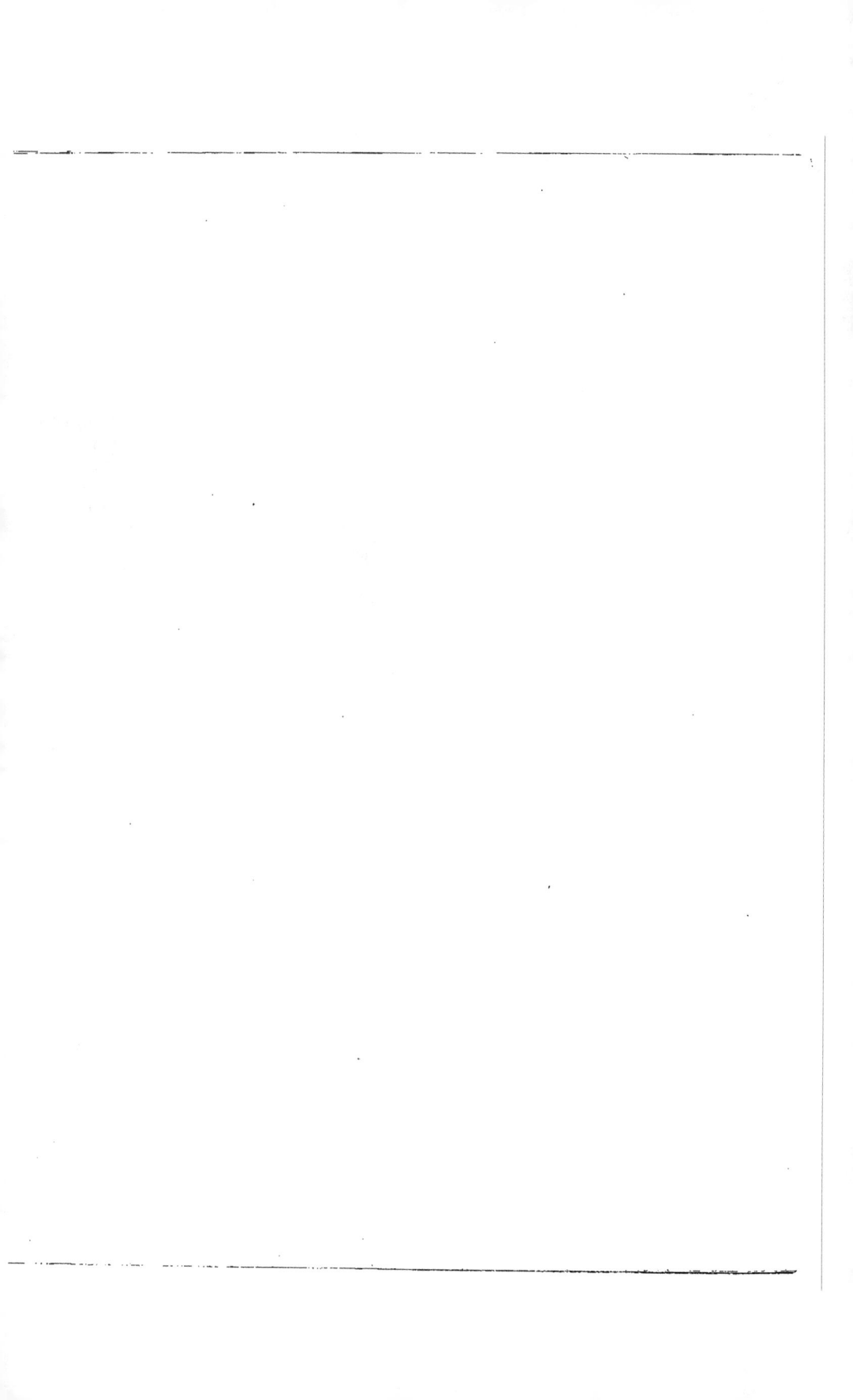

CLASSE DES MONOCOTYLEDONES

CARACTÈRES GÉNÉRAUX

Les Monocotylédones comme les Dicotylédones se reproduisent par graines contenues dans un fruit. Ces graines dans la classe qui nous occupe ne donnent en germant qu'une *première feuille* qui existe déjà dans la plantule et que l'on nomme *cotylédone* d'où leur nom de Monocotylédones. Ce caractère définit la classe et la sépare de celle des Dicotylédones. Mais il en est d'autres qui tout en étant moins fixes se présentent assez fréquemment pour nous faire connaître à première vue une plante de ce groupe.

RACINE ET TIGE. — L'appareil végétatif est dans nos pays une *herbe* annuelle, bisannuelle ou vivace qui porte à sa base des racines fasciculées et qui souvent sort d'un rhizome ou d'un bulbe. La tige arborescente des Monocotylédones des pays chauds conserve dans sa forme et dans sa structure une simplicité remarquable ; elle ne présente jamais ces couches ligneuses concentriques que nous avons l'habitude de voir sur les arbres de nos pays ; l'écorce n'est pas distincte ; la racine terminale se détruit de bonne heure et l'on voit souvent à la base de la tige de nombreuses racines latérales recouvrir le *stipe* jusqu'à une certaine distance du sol. Ces racines se développent aussi à la partie inférieure des chaumes de nos Graminées et comme les bourgeons voisins s'allongent en même temps en petits rameaux, on a à côté de la tige principale de nombreuses tiges secondaires formant avec elle une touffe. L'opération du buttage consiste à amasser de la terre au pied de la plante, facilite cette production de racines et de rameaux et augmente par conséquent la récolte.

FEUILLE. — Les feuilles sont isolées et attachées à la tige par une large base ce qui les rend *engaînantes ;* les nervures restent parallèles entre elles et ne se ramifient point. La nervation est rectée dans les feuilles étroites, curvinerviée ou pennée dans les feuilles plus larges. Il n'y a jamais de stipules.

FLEUR. — Les fleurs sont très petites et non colorées (Graminées, Joncs) ou bien grandes et brillantes (Lis, Iris) avec *les deux enveloppes de même couleur.* Il y a le plus souvent deux verticilles de trois étamines disposées en alternance avec les deux verticilles du périanthe aussi de trois pièces. Les trois Carpelles du Gynécée complètent la symétrie de ce type désigné sous le nom de trimère.

$$F = 3 S + 3 P + 3 E + 3 E + 3 C$$

Les Monocotylédones sont six fois moins nombreuses que les Dicotylédones, on peut les diviser en quatre ordres :

Graminées	Pas de corolle.	
Joncinées.	Corolle sepaloïde.	
Liliinées	Ov. sup.	corolle petaloïde.
Iridinées	Ov. inf.	

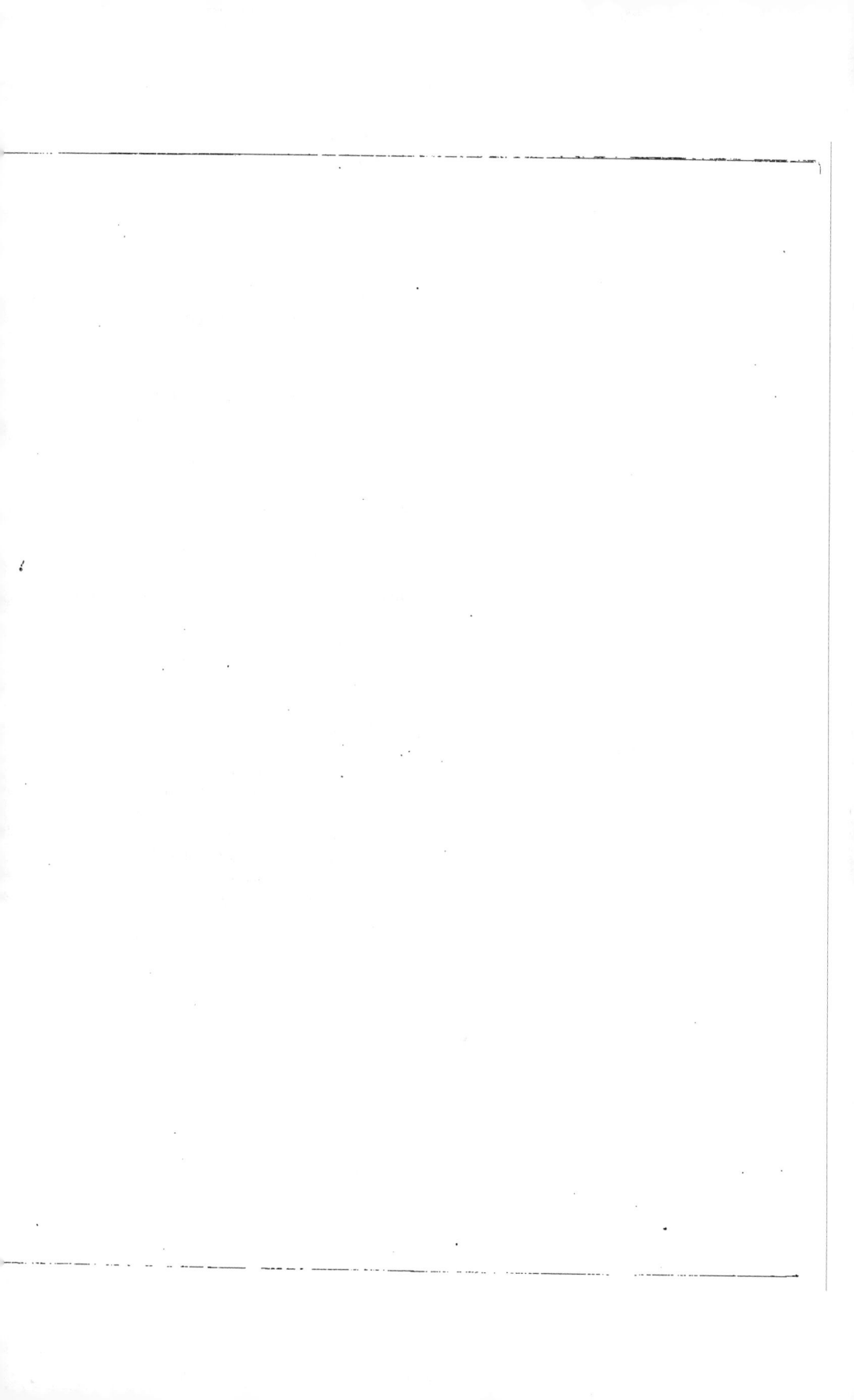

CLASSE DES DICOTYLEDONES

Les Dicotylédones forment la classe la plus nombreuse du règne végétal ; une seule famille de ce groupe, celle des composées, compte dix mille espèces. Ces plantes ont une physionomie spéciale, résultant d'un ensemble de caractères tirés de tous les organes :

La *racine* et la *tige* presque toujours rameuses, s'accroissent par des formations secondaires, qui augmentent successivement leur diamètre, aussi distingue-t-on des couches concentriques, de *bois* et d'*écorce*, dans les tiges ligneuses et dans les racines des plantes vivaces (âge des arbres).

Les *feuilles*, portées par les nombreuses ramifications de la tige, présentent un limbe, souvent rétréci en pétiole, une nervure médiane subdivisée en nervures secondaires, tertiaires, puis en *veinules réticulées*.

Les *fleurs*, construites sur les types 4 et 5, ont deux enveloppes de couleur différente, le *calice* ordinairement vert.

Le *fruit*, contient une ou plusieurs graines à *deux cotylédones*. Ces graines donnent toujours en germant *deux premières feuilles*.

La classe des Dicotylédones a été subdivisée en ordres ; nous distinguerons :

Les *Apétales*, les *Dialypétales* et les *Gamopétales*.